DU CALCUL

DES MACHINES A VAPEUR

DANS LE CAS DE LA DÉTENTE

PAR

L.-M.-Prosper COSTE,

ancien Élève de l'École polytechnique.

A PARIS

CHEZ GAUTHIER-VILLARS, QUAI DES AUGUSTINS, 65,
et chez les principaux Libraires.

MONTPELLIER

COULET, LIBRAIRE, GRAND'-RUE, 7.

1870

DU CALCUL

DES MACHINES A VAPEUR

DANS LE CAS DE LA DÉTENTE.

DU CALCUL

DES MACHINES A VAPEUR

DANS LE CAS DE LA DÉTENTE

PAR

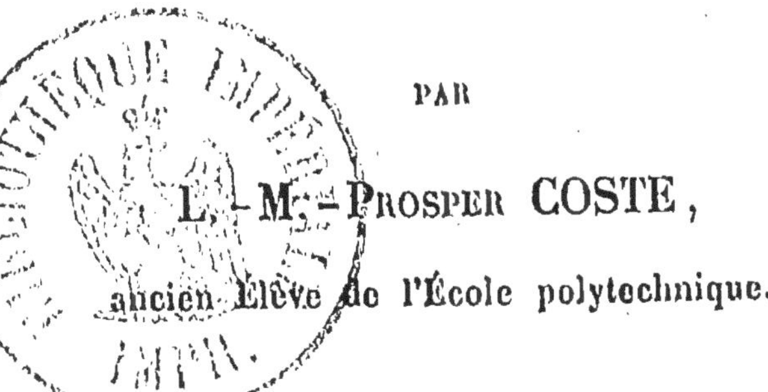

L.-M.-Prosper COSTE,

ancien Élève de l'École polytechnique.

A PARIS

CHEZ GAUTHIER-VILLARS, QUAI DES AUGUSTINS, 65,

et chez les principaux Libraires.

MONTPELLIER

COULET, LIBRAIRE, GRAND'-RUE, 7.

M DCCCLXX

Tous les Industriels et tous les Possesseurs
de machines à vapeur, au moyen de ce tableau,
n'auront que de simples opérations d'arithmétique à faire pour connaître la force de leurs
machines.

DU CALCUL

DES MACHINES A VAPEUR

DANS LE CAS DE LA DÉTENTE.

Pour établir notre théorie des machines à vapeur, nous n'avons fait usage que du seul principe de Carnot. La seule modification que nous avons faite au principe de Carnot, c'est de regarder le calorique, non comme un fluide indestructible, mais comme un simple mouvement.

C'est par l'expérience et le raisonnement que l'astronomie, la chimie et la physique ont fait et font tous les jours tant de progrès. C'est de la même manière, et en suivant les principes de Newton, de Laplace et de tous les mathématiciens distingués, que nous sommes parvenu à établir les calculs des machines à vapeur d'une manière assez simple.

Cet ouvrage fait suite à celui que nous avons publié sur *la relation des températures des vapeurs saturées* avec leurs tensions correspondantes. Cette relation est basée sur les expériences d'Arago et de Dulong, sur les expériences de Gay-Lussac publiées par Biot, et sur les expériences de M. Regnault (T. xxi et xxvi de l'Académie des sciences).

En représentant les tensions des vapeurs par les logarithmes ordinaires ayant pour base le nombre dix, la relation entre les températures des vapeurs saturées et leurs tensions correspondantes est représentée par une seule équation du premier degré, qui ne peut être plus simple, et qui ne contient qu'une seule inconnue à déterminer par les expériences. Cette relation, que l'on peut démontrer mathématiquement, doit entrer désormais comme principe fondamental des vapeurs saturées, dans tous les traités de physique, de chimie et de mécanique.

L'inconnue déduite des expériences est constante pour la vapeur d'eau et pour les vapeurs de quelques autres liquides; elle varie avec les différents thermomètres et avec les différentes manières de faire et de grouper les expériences; mais dans tous les cas elle est une fonction du premier degré de la température.

DE LA MANIÈRE DE CALCULER LA FORCE DE LA VAPEUR.

Le calcul de la force produite par la vapeur, lorsqu'elle agit en pleine pression avant la détente, ne présente aucune difficulté ; il suffit de multiplier la pression exercée par une atmosphère sur la base du piston par la tension exprimée en atmosphère diminuée de la tension restante à la vapeur après sa condensation. Mais il n'en est pas de même pour calculer la force de la vapeur, lorsqu'elle agit pendant la détente et par la seule force d'expansion. Toutes les tentatives faites jusqu'ici ont échoué complètement.

D'après les expériences faites sur l'air atmosphérique et les calculs de Poisson, la température de l'air atmosphérique augmente d'un degré du thermomètre centigrade par chaque compression qui diminue son volume d'un cent-seizième, et réciproquement la température de l'air atmosphérique diminue d'un degré par chaque dilatation qui augmente son volume dans le rapport d'un cent-seizième.

Comme la force relative de la détente suivant la loi de Mariotte, nous sommes convaincu que la force relative réelle de la détente ne dépend que de cette détente, et qu'elle est indépendante de la tension et de la température de la vapeur qui existait pendant la pleine pression.

Ce n'est qu'après de nombreuses tentatives que nous sommes parvenu à la méthode simple et commode que nous allons exposer en peu de mots.

Notre manière de calculer la force des machines à vapeur pendant la détente est basée sur le théorème suivant, émis par Sady Carnot, page 52 de ses Réflexions sur la puissance motrice du feu :

« Lorsqu'un fluide élastique passe sans changer de température du volume U au volume V, et qu'une pareille quantité du même gaz passe sous la même température du volume U' au volume V', si le rapport du U' à V' se trouve le même que le rapport de U à V, les quantités de chaleur absorbées ou dégagées dans l'un et l'autre cas seront égales entre elles. »

Ce théorème peut être énoncé d'une autre manière :

« Lorsqu'un gaz varie de volume sans changer de température, les quantités de chaleur absorbées ou dégagées par ce gaz sont en progression arithmétique si les accroissements ou les réductions de volume se trouvent être en progression géométrique. »

Pour appliquer ce théorème à la détente de la vapeur, nous supposons que les réductions du volume s'opèrent en progression géométrique double; nous avons dressé une petite table qui donne les logarithmes ayant pour base le nombre deux au lieu du nombre dix adopté pour les tables de logarithme ordinaires.

Le logarithme à base deux pour la détente D étant représenté par m, pour obtenir la force relative de la détente, il faut retrancher le nombre $2\,m$ de vingt-deux et multiplier cette différence par la détente D divisée par cent.

COMPARAISON DE LA THÉORIE DE LA DÉTENTE AVEC LES EXPÉRIENCES.

Pour comparer la théorie de la détente, nous avons eu recours aux expériences de M. Hirn. Ces expériences ont été faites sur deux moteurs dont les chaudières étaient pourvues d'appareils qui permettaient d'employer à volonté de la vapeur surchauffée jusqu'à 250 degrés au lieu de la vapeur saturée.

Le premier moteur n'avait qu'un cylindre sans enveloppe à vapeur; la détente pouvait y être variée à volonté par un mécanisme très-simple et très-commode.

La vapeur agissait d'abord en pleine pression; puis, à un point déterminé de la course du piston, elle était coupée, et la quantité introduite se détendait pendant le reste de la course. Le piston de la machine qui s'élevait et s'abaissait cinquante-quatre fois par minute, avait 60 centimètres de diamètre et une course de 180 centimètres d'étendue. La surface du piston avait donc 0,28275 mètres carrés. Ce cylindre était sans enveloppe de Walt. La vapeur de la chaudière entrait directement au-dessus et au-dessous du piston. Lorsqu'on opérait avec de la vapeur surchauffée, elle était parfaitement privée d'eau. En observant fréquemment un thermomètre placé tout près de la boîte à distribution et plongé dans la vapeur, on avait une moyenne des températures auxquelles la vapeur avait été surchauffée, et cette moyenne était assez correcte et indiquait que la température ne variait que de dix degrés sur 240 degrés.

Le cylindre était protégé par des douves en bois qui laissaient un espace vide de cinq centimètres environ, ces douves étaient elles-mêmes environnées à deux centimères de distance par un cylindre extérieur en tôle mince.

Les parties supérieures et inférieures de ce manchon double étaient fermées continuellement, de manière qu'il ne pût s'établir aucun courant d'air. La tôle extérieure n'atteignait guère plus de vingt degrés au-dessus de l'air ambiant.

Le second moteur était une machine de Woolf à deux cylindres réunis; la vapeur agissait d'abord en pleine pression dans l'un d'eux, et puis elle passait dans l'autre beaucoup plus grand, dans lequel elle agissait exclusivement par détente. Ces deux cylindres étaient placés dans une enveloppe de Walt ou chemise à vapeur.

La vapeur, à la sortie de la chaudière, arrivait au bas de cette enveloppe et en arrière du grand cylindre qu'elle léchait, ainsi que le petit, avant de pénétrer dans le haut ou le bas de celui-ci. Cette machine était à détente fixe, c'est-à-dire, que, par sa construction même, la vapeur y subissait toujours le même accroissement de volume.

L'intérieur du petit cylindre avait un volume de 179,1 litres. Le piston donnait quarante-sept coups par minute; le bas de l'enveloppe était muni d'un tuyau de retour d'eau à la chaudière;

toute l'eau entraînée par la vapeur se déposait dans l'enveloppe et rentrait constamment dans la chaudière. L'eau, entraînée par la vapeur qui sortait de la chaudière, ne s'élevait guère qu'à un et demi pour cent pour les deux machines.

Chaque machine, munie d'un compteur exact qui relevait le nombre d'oscillations, marchait au moins douze heures consécutives à la même détente, à la même pression, à la même vitesse, etc. En un mot, elle était tenue à un régime constant, pendant un temps suffisant pour éviter et atténuer toutes les irrégularités et tous les accidents qui surviennent dans la conduite du feu des foyers et peuvent altérer l'exactitude des expériences.

Au commencement de la journée, on marquait le niveau de l'eau dans la chaudière; et, pendant le travail, on mesurait directement la quantité d'eau alimentaire consommée, en faisant aspirer la pompe d'aspiration dans un tonneau jaugé. Au bout de la journée, on ramenait le niveau de l'eau de la chaudière au point primitif. En un mot, on prenait toutes les précautions possibles pour que la machine marchât à un régime aussi constant que possible et donnât constamment la même force pendant toute la durée d'un essai.

Avec les pressions de trois à quatre atmosphères, les plus forts écarts de la pression normale ne s'élevaient qu'à un huitième d'atmosphère en plus ou en moins, et c'était dans des cas exceptionnels qu'avait lieu ce maximum; l'état moyen en plus ou en moins n'était que d'un vingtième.

La vapeur perdait simplement une partie de son excès de chaleur par les parois des cylindres et de l'enveloppe. En entrant dans celle-ci, elle avait, par exemple, 240 degrés; à son entrée dans le petit cylindre, elle n'avait plus que 200 degrés. La vapeur qui se détendait dans le grand cylindre s'échauffait donc aux dépens de la vapeur qui affluait dans l'enveloppe.

M. Hirn a déterminé soigneusement le moment d'inertie du volant de sa machine de Woolf, d'après sa dimension et son poids; après l'avoir fait marcher avec toute sa force, il l'a fait marcher à vide avec sa vitesse normale; puis il a intercepté brusquement l'arrivée de la vapeur, et a compté à la fois le temps qui s'écoulait et le nombre de tours que faisait le volant jusqu'à ce que la machine s'arrêtât.

M. Hirn conclut de son expérience, que la machine ne pouvait pas, lorsqu'elle fonctionnait avec une force quelconque, atteindre une force effective de 0,86 de la force disponible. Par d'autres expériences il s'est convaincu que le rendement de sa machine de Woolf ne pouvait pas descendre au-dessous de 65 pour cent. Il croit que le rendement de la machine à un cylindre se trouvait être entre 70 et 75 pour cent.

MACHINE A UN SEUL CYLINDRE.

Première expérience.

Par la détente, le volume de la vapeur devenait égal à deux fois et demi son volume primitif.

Le cylindre ne recevait de la vapeur que pendant les **72** premiers centimètres de sa course qui était de 180 centimètres.

La pression de la vapeur saturée sur la surface du piston était de 2,6 atmosphères; et, après la condensation de la vapeur, cette pression se réduisait à un quart d'atmosphère.

La densité du mercure étant 15,598, tandis que celle de l'eau est représentée par l'unité, le poids d'une atmosphère sur la surface du piston s'élevait à 2921,55 kilogrammes.

Comme le piston à chacun de ses battements fonctionne deux fois, une fois en montant et une fois en descendant, et qu'il fait 54 battements par minute, le poids d'une atmosphère sur la surface du piston produit une force de 5258,8 kilogrammes élevés à un mètre par seconde. Cette force multipliée par 2,55 et par 0,72 donne 8897,9 kilogrammes élevés à un mètre pour la force produite par la vapeur saturée imprimée au piston pendant les 72 premiers centimètres de sa course.

Par la Table I, la force relative de la détente 2,50 se trouve être 0,48494 ; cette force relative multipliée par la force 8897,9 donne 4414,68 kilogrammes pour la force effective de cette détente.

La force totale s'élevant à 15512,6 kilogrammètres, et l'expérience n'ayant donné que 10000 kilogrammètres, le rapport de la force utilisée par le travail à la force disponible par le calcul se trouve être 0,75117.

Deuxième expérience.

Dans la deuxième expérience, la détente avait la même étendue que dans la première ; mais la condensation s'était effectuée à un cinquième d'atmosphère, et la tension à son entrée dans le cylindre s'élevait à 2,7 atmosphères.

Le poids d'une atmosphère produisant une force de 5258,8 kilogrammètres, on a, pour la force produite avant la détente par la pleine pression, 9465,8 kilogrammètres, lorsque l'on fait la réduction occasionnée par la tension restante à la vapeur après sa condensation.

La détente étant la même que dans la première expérience, la force relative 0.48491 multipliée par 9465,8 donne 4590,06 kilogrammètres pour la force produite par la détente.

L'expérience n'ayant donné 11000 kilogrammètres, 0,78759 exprime le rapport de la force utilisée pour le travail à la force disponible de 14055,9 kilogrammètres.

Troisième expérience.

Dans la troisième et la quatrième expérience, la détente était 5,4 fois plus étendue que l'espace laissé à la pleine pression de la vapeur; la course du piston, avant la détente, était donc seulement de 52,941 centimètres.

Dans la troisième expérience, la tension de la vapeur à son entrée dans le cylindre s'élevait à 5,55 atmosphères, et elle se réduisait à un quart d'atmosphère après sa condensation.

La force produite par la vapeur en pleine pression s'élève à 8650,74 kilogrammètres, après en avoir déduit la perte de force occasionnée par la condensation imparfaite de la vapeur.

Pour la détente 5,4, la table 1 donne la force relative 0,62794. La force effective s'élève donc à 5419,59 kilogrammètres, et la force totale à 14050,55 kilogrammètres.

Le rapport de la force utilisée par le travail à la force disponible, d'après notre théorie, se trouve être 0,7054, parce que l'expérience n'a donné que 10200 kilogrammètres.

Quatrième expérience.

Dans la quatrième expérience, la tension de la vapeur, à son entrée dans le cylindre, s'élevait à 5,85 atmosphères. Avant la détente, pendant qu'elle agissait en pleine pression, la vapeur produisait une force de 10165,94 kilogrammètres, parce que la tension restante à la vapeur après sa condensation ne s'élevait qu'à 0,18 atmosphères.

Dans cette expérience, la force relative 0,62794 produit la force effective de 6585,80 kilogrammètres pour la détente.

La force totale produite par la pleine pression

et la détente s'élève donc à 16450 kilogrammètres.

Comme la force produite par l'expérience a été
de 15000 kilogrammètres, le rapport de la force
utilisée par le travail à la force disponible se
trouve être exprimé par 0,79027.

Sixième expérience.

Dans la sixième expérience, la course du piston,
pendant que la vapeur agissait en pleine pression,
était à la course totale du piston dans le rapport
de 1 à 5,2.

Dans cette expérience, la course du piston avant
la détente, pendant la pleine pression, n'était
que 0,54519 mètres.

La pression de la vapeur avant la détente était
exprimée par 5,62 atmosphères, et après la condensation elle n'était plus que de 0,16 atmosphères.
La force produite avant la détente s'élevait donc à
6280,90 kilogrammes, élevés à un mètre par
seconde.

La Table donne pour la détente 5,2, la force
relative 0,89665 et la force effective de 5631,64
kilogrammètres.

L'expérience n'ayant donné que 10000 kilogrammètres, le rapport de la force utilisée par le travail se trouve donc être exprimé par 0,84029.

M. Hirn n'a pas fait connaître la force utilisée par le travail de la cinquième expérience.

EXPÉRIENCES SUR LA MACHINE A DEUX CYLINDRES.

Septième et neuvième expériences.

Dans la machine de Woolf, qui a servi à faire ces expériences, le plus petit des deux cylindres avait une contenance de 179,1 litres ou de 0,1791 mètres cubes ; la contenance du grand cylindre était 4,5 fois celle du petit cylindre.

Le piston du petit cylindre exécutait 47 battements par minute, et la vapeur avait, en sortant de la chaudière, une tension de 5,75 atmosphères, et en entrant dans le petit cylindre une tension de 5,7 atmosphères.

La force produite par la vapeur dans le petit cylindre se trouve être équivalente à

$$0,1791 \; \frac{94}{60} \; 10544,5,5,7$$

ou égale à 10942,7 kilogrammètres.

Dans ce calcul, 10544,5 représente en kilogrammes le poids d'une atmosphère sur une surface d'un mètre carré.

Il faut déduire de cette force la force annulée par la contrepression occasionnée par la tension moyenne de la vapeur dans le grand cylindre.

La Table III donne, pour chaque détente portée dans la première colonne, la pression moyenne de la vapeur pendant la pleine pression étant représentée par l'unité.

Pour la détente 4,5, cette pression moyenne est représentée par 0,45854. Par conséquent, la force produite dans le petit cylindre se réduit à 5925,0 kilogrammètres.

Pour la détente 4,5, la Table donne la force relative 0,76503 ; pour obtenir la force effective de cette détente, il ne faut pas multiplier cette force relative par 10942,7, mais par 10942,7 réduite dans la proportion 54 à 57, parce que la vapeur, après sa condensation, conservait une tension de trois dixièmes d'atmosphère : ainsi, le nombre précédent devient 10055,5 et donne pour la force effective de la détente 7688,8 kilogrammètres.

L'expérience ayant donné 10200 kilogrammètres, 0,75556 exprime le rapport de la force utilisée par le travail à la force de 15505,5 kilogrammètres disponible par la théorie.

Huitième et neuvième expérience.

Dans ces deux expériences, la force produite dans le petit cylindre, et la perte de force occasionnée par la contre-pression opérée par la pression moyenne de la vapeur dans le grand cylindre, se trouvaient encore dans les mêmes conditions que dans les deux expériences précédentes ; seulement, comme la tension restante à la vapeur, après la condensation, ne s'élevait qu'à un cinquième d'atmosphère au lieu de trois dixièmes d'atmosphère, pour obtenir la force réelle de la détente ou du grand cylindre il faut multiplier la force relative par 10551, 2. La force produite par le grand cylindre se trouve être 7919 kilogrammètres et la force totale 15844 kilogrammètres.

Comme la force utilisée par le travail ne s'est trouvée être que de 10800 kilogrammètres, le rapport de la force utilisée à la force disponible est exprimée par 0,78012.

Autres expériences.

Dans le Bulletin XIX de la Société de Mulhouse, on trouve un mémoire de M. Émile Dolfus contenant quelques expériences sur les machines à vapeur.

PREMIÈRE MACHINE.

Machine à moyenne pression de Woolf, construite par Rixler et Dixon.

Petit cylindre.

Pression, 5,75 atmosphères ;
Diamètre, 0,315 mètres ;
Surface, 0,077214 mètres carrés ;
Vitesse du piston, 46,18 mètres par minute.

Grand cylindre.

Diamètre, 0,525 mètres ;
Surface, 0,2144 mètres carrés ;
Vitesse du piston, 65,96 mètres par minute.

Les capacités des deux cylindres étaient entre elles dans le rapport de 1 à 5,88. La tension restante à vapeur après la condensation s'élevait à un dixième d'atmosphère.

L'atmosphère, exerçant sur une surface de 1 mètre carré une pression de 10344,5 kilogr., exerçait sur la base du petit cylindre une pression de 798,87 kilogrammes. Le piston, ayant une vitesse de 0,7715 mètres par seconde, aurait produit une force de 2505,8 kilogrammes élevés à 1 mètre par seconde, s'il ne fallait pas tenir compte de la perte de force occasionnée par la tension moyenne de la vapeur dans le grand cylindre.

Pour la détente 5,88, la pression moyenne exercée par une atmosphère sur la base du grand cylindre étant 0,48102, cette pression moyenne réduit à 1196,64 kilogrammètres la force produite par la vapeur dans le petit cylindre. Si la force produite dans le petit cylindre n'avait à supporter que la perte occasionnée par la tension d'un dixième d'atmosphère restante à la vapeur après sa condensation, la force produite se serait élevée à 2245,4 kilogrammètres.

La force relative correspondante à la détente étant 0,70181, la force effective du grand cylindre et la force totale s'élèvent à 1574,64 et à 2771,5 kilogrammètres.

Le frein de Prony ayant donné une force de 1896 kilogrammètres, le rapport de la force utilisée par le travail à la force disponible par le calcul se trouve être exprimé par 0,6589. M. Émile Dolfus n'avait trouvé pour ce rapport que 0,41.

DEUXIÈME MACHINE.

Machine à moyenne pression, à deux balanciers et à deux cylindres séparés, système Rœnsgen.

Le petit cylindre avait un diamètre de 298 millimètres et à sa base une surface de 0,06975 mètres carrés.

Le grand cylindre avait un diamètre de 514 millimètres et à sa base une surface de 2075 mètres carrés.

Le rapport des deux surfaces était donc 2,975.

Enfin, les deux pistons avaient la même vitesse : vitesse de 55,2 mètres par minute ou de 0,9185 mètres par seconde.

Dans cette machine chaque tension d'une atmosphère dans le petit cylindre y produisait une force de 662,58 kilogrammètres, si l'on ne tenait pas compte de la force occasionnée par la pression moyenne de la vapeur dans le grand cylindre.

M. Émile Dolfus, dans toutes les expériences qu'il cite, suppose que la tension de la vapeur, après sa condensation ne conservait qu'une tension d'un dixième d'atmosphère.

Sur cette machine on a fait trois expériences.

Première expérience.

Tension moyenne de la vapeur à son entrée dans le petit cylindre, 5,75 atmosphères.

La force imprimée au piston du petit cylindre produirait une force de 2484,7 kilogrammètres, si l'on ne déduisait pas la perte de force occasionnée par la tension moyenne de la vapeur dans le grand cylindre.

La Table III donne 0,57567 pour la tension moyenne de la vapeur dans le grand cylindre, correspondante à la détente 2,975; on tiendra compte de cette perte en multipliant 2484,7 par 0,42655, et le résultat de cette multiplication donne 1059,5 kilogrammètres pour la force réelle produite par le petit cylindre.

La force relative correspondante à la détente 2,975 se trouve être 0,56094, tandis que la force de la pleine pression est représentée par l'unité.

A cause que la vapeur conserve encore après sa condensation une tension d'un dixième d'atmosphère, la force produite par le grand cylindre s'élève à 1556,28 kilogrammètres.

Le frein de Prony ayant donné une force de 1504 kilogrammètres, le rapport de la force utilisée par le travail à la force disponible par le calcul est 0,62258, parce que la force totale se trouve être de 2415,58 kilogrammètres.

M. Émile Dolfus trouve pour ce rapport 0,424.

Deuxième expérience.

La tension de la vapeur dans le petit cylindre s'élevait à quatre atmosphères.

La force de 2620,52 kilogrammètres, produite dans le petit cylindre par la tension de la vapeur à quatre atmosphères, se réduit par la contre-pression occasionnée par la tension moyenne de la vapeur contenue dans le grand cylindre à 1117,12 kilogrammètres, parce que la détente est la même dans les trois expériences faites par cette machine.

La vapeur, conservant encore après la sortie du grand cylindre une tension d'un dixième d'atmosphère se réduirait à 2584,06 kilogrammètres, si elle n'éprouvait pas d'autre réduction.

La force relative de la détente étant la même dans les trois expériences, la force produite par le grand cylindre se réduit à 1478,45 kilogram-mètres.

0,65574 exprime le rapport de la force utilisée par le travail à la force disponible, parce que le frein a donné 1692 kilogrammètres et la force totale s'est élevée à 2595,55 kilogrammètres.

Troisième expérience.

La tension de la vapeur à son entrée dans le petit cylindre s'élevait à 4,25 atmosphères.

La force produite dans le petit cylindre serait égale à 2815,97 kilogrammètres, si la tension moyenne de la vapeur dans le grand cylindre ne la réduisait pas à 1190,52 kilogrammètres.

La vapeur dans le condenseur conservait encore une tension d'un dixième d'atmosphère. Si cette cause de perte avait agi seule, la force produite par le petit cylindre se serait réduite à 2749,71 kilogrammètres.

Ainsi, la force produite par le grand cylindre et la force totale s'élèvent à 1544,54 et à 2751,66 kilogrammètres. Le frein ayant donné une force de 1880 kilogrammètres, le rapport de la force utilisée à la force disponible se trouve être 0,69188.

TROISIÈME MACHINE.

Machine construite par André Kœchling pour la filature Dolfus Ming.

Tension, 4,50 atmosphères ;

Condensation, un dixième d'atmosphère ;
Trente-deux levées ou descentes par minute.

Petit cylindre.

Diamètre, 0,552 mètres ;
Course du piston, 1,622 mètres ;
Surface du piston, 0,259314 mètres carrés ;
Volume du cylindre, 0,38824 mètres cubes.

Grand cylindre.

Diamètre, 0,927 mètres ;
Course du piston, 2,108 mètres ;
Surface du piston, 10,704352 mètres carrés ;
Volume du cylindre, 1,48454 mètres cubes.
Le rapport des volumes des deux cylindres est 3,8256.

La pression moyenne exercée par une atmosphère sur la base du petit cylindre s'élève à 2475,58 kilogrammes et pour la tension de 4,50 atmosphères elle s'élève à 11140,11 kilogrammes. A cause des 52 levées ou descentes par minute, la force produite par le petit cylindre s'élèverait à 5941,4 ou à 5020,5 kilogrammètres, selon que l'on ne tiendrait pas compte de la tension à un dixième d'atmosphère restante à la vapeur après sa condensation, ou que l'on en tiendrait compte.

A cause de la contre-pression produite par la pression moyenne de la vapeur dans le grand cylindre s'élevant à 0,49115, la force de 5941,4 kilogrammètres par le petit cylindre se réduit à 2999,27 kilogrammètres.

La force relative de la détente 5,8256 s'élevant à 0,69458, la force produite par le grand cylindre s'élève à 4111,08 kilogrammètres, et la force totale à 7110,55 kilogrammètres.

Le frein ayant donné une force de 55 chevaux ou de 4125 kilogrammètres, le rapport de la force utilisée à la force disponible se trouve être 0,58014.

QUATRIÈME MACHINE.

Machine à un seul cylindre à détente et à condensation du système Mayer établie au tissage de MM. Dolfus Ming, à Mulhouse. Machine d'une condensation simple, sans balancier.

Expériences de la Société industrielle de Mulhouse.

Pression moyenne, 4,50 atmosphères;
Diamètre du piston, 0,560 mètres;
Surface du piston, 0,2465 mètres carrés;
Course du piston, 1,26 mètres;
Détente de un à cinq;

2 M

48 levées ou descentes par minute;

Condensation, un dixième d'atmosphère.

La pression moyenne d'une atmosphère sur le piston est équivalente à 2547,85 kilogrammes.

Comme la course totale du piston est de 1,26 mètres et que la détente est quintuple, la course du piston pendant la pleine pression et avant la détente n'est que de 0,252 mètres. Par cette course, la pression causée par une atmosphère était réduite à 642,06 kilogrammes. La vitesse du piston étant 0,8 mètres par seconde, la pression d'une atmosphère sur le piston produisait une force de 513,65 kilogrammes élevés à un mètre par seconde. A cause de la condensation à un dixième d'atmosphère, la force de cette machine avant la détente ne s'élève qu'à 2260,06 kilogrammètres.

La force relative de la détente quintuple étant 0,86780, la force produite par la détente se trouve être égale à 1961,28 kilogrammètres, et la force totale à 4221,54 kilogrammètres.

Le frein ayant donné une force de 57,27 chevaux, le rapport de l'effet utilisé par le travail à l'effet théorique se trouve être 0,66217.

CINQUIÈME MACHINE.

Machine du système Mayer, du même système que la précédente établie chez M. Schlumberger par Kœchlin et Compagnie, à Mulhouse.

Diamètre du piston, 0,700 mètres;
Surface du piston, 0,5858 mètres carrés;
Course du piston, 1,60 mètres;
Levées et descentes, 44 par minute.

La machine était disposée de manière que son régulateur à force centrifuge maintînt la vitesse constante à 22 tours du volant par minute. Les expériences ont été exécutées en faisant varier la force exposée par le frein depuis 55,50 chevaux jusqu'à 100, et à élever la pression dans la chaudière depuis 5,60 jusqu'à 5,15 atmosphères et en prolongeant la détente depuis 5,25 jusqu'à 4,50.

Sur les 31 expériences faites sur cette machine, nous ne citerons que les suivantes:

Expérience.	Pression.	Détente.	Condensation.
6	5,60	4,20	0,100
7	5,85	4,50	0,100
8	5,67	4,20	0,100
9	5,56	4,50	0,100
10	5,58	4,20	0,090
Moyenne.	5,648	4,28	0,100

Le frein a donné 54,50 chevaux.

Expérience.	Pression.	Détente.	Condensation.
21	4,03	4,00	0,100
22	4,12	4,50	0,100
23	4,19	4,50	0,100
Moyenne.	4,113	4,267	0,100

Le frein a donné 65,77 chevaux.

Expér.	Pression.	Détente.	Condensation.	Frein.
27	5,08	5,25	0,18	98 chevaux.
28	5,12	5,30	0,20	98,57
29	5,16	5,50	0,22	98,42

Premières moyennes.

La course totale du piston étant de 1,60 mètres et la détente s'élevant à 4,28, le cours du piston avant la détente n'est que de 0,57585 mètres.

A cause que la surface du piston n'est que 0,5858 mètres carrés, la pression d'une atmosphère ne s'élève sur ce piston qu'à 5991 kilogrammes.

La vitesse du piston étant de 0,7555 mètres par seconde, la pression de 5991 kilogrammes aurait produit une force de 2926,6 kilogrammètres, si la course du piston avant la détente avait été d'un mètre par seconde; mais comme la course du piston pendant la pleine pression n'est que de 0,57585 mètres, la force d'une atmosphère se réduit à 1094,05 kilogrammètres.

En tenant compte de la condensation à un dixième d'atmosphère, la tension de la vapeur à 5,648 atmosphères ne donne pour la pleine pression qu'une force de 5881,69 kilogrammètres.

La détente 4,28 possédant une force relative de 0,76204, la force produite par cette détente et la force totale s'élèvent à 2958,02 et à 6859,69 kilogrammètres.

Le frein ayant donné de 54,30 chevaux, 0,59542 exprime le rapport de la force utilisée à la force disponible.

Deuxièmes moyennes.

La portion de la course laissée à la pleine pression par la détente 4,267 se trouve être 0,57497 mètres. Avec une course d'un mètre la pression d'une atmosphère produisant une force de 2926,7 kilogrammètres, avec la course de 0,57497, elle ne produira plus qu'une force de 1•0974, 25 kilogrammètres.

A cause de la condensation à un dixième d'atmosphère, la force 10974,25 multipliée par 4,015 ne donne pour la force produite par la pleine pression que 4405,97 kilogrammètres.

Sa détente 4,267 ayant une force relative de

0,76055 donne pour la détente une force effective de 3549,05 kilogrammètres.

Ainsi, la force totale s'élève à 7755,02 kilogrammètres. Le frein ayant donné une force de 65,77
chevaux, le rapport de la force utilisable à la force
assignée par la théorie se trouve être 0,61690.

Expérience 27.

Dans cette expérience, la détente étant 3,25,
la course du piston pendant la pleine pression se
trouve être de 0,49231 mètres. Ainsi, la pression
d'une atmosphère sur la base du piston produit
une force de 1440,84 kilogrammètres.

Puisque la tension de la vapeur à son entrée
dans le cylindre s'élevait à 5,08 atmosphères et
que la tension restante à la vapeur après sa condensation était de 0,18 atmosphères, la force
produite par la pleine pression se trouve être
équivalente à 7060,12 kilogrammètres.

Puisque 0,60447 est la force relative de la détente 3,25, la force réelle de la détente et la force
totale s'élèvent à 4267,55 et à 11527,65 kilogrammètres.

Le frein ayant produit une force de 7550 kilogrammètres, 0,65120 exprime le rapport de la
force utilisée par le travail à la force théorique.

Expérience 28.

Dans cette expérience, ainsi que dans la suivante, la détente était 5,50, et la course du piston pendant la pleine pression s'élevait à 0,48485 mètres.

Puisque la pression d'une atmosphère sur la base du piston ne produisait qu'une force de 1419,01 kilogrammètres et que 0,20 atmosphères désignait la tension de la vapeur après sa condensation, la force produite par la pleine pression s'élevait à 6955,15 kilogrammètres, parce que la vapeur à son entrée dans le cylindre possédait une tension de 5,12 atmosphères.

La détente 5,50 donnant la force relative 0,61252, la force produite par cette détente se trouve être de 4257,55 kilogrammètres.

7577,75 kilogrammètres exprime la force donnée par le frein et 10,65721 désigne le rapport de la force utilisée par le travail à la force disponible par le calcul, parce que la force totale s'élevait à 11210,7 kilogrammètres.

Expérience 29.

Dans cette expérience, la vapeur, en entrant dans le cylindre, possède une tension de 5,16 atmosphères ; mais comme 0,22 atmosphères est la tension restante à la vapeur après sa condensation, la force produite par la pleine pression ne s'élève qu'à 6981,55 kilogrammètres.

La force produite par la détente 5,50 et la force totale s'élèvent à 4274,95 et 11256,46 kilogrammètres.

Le frein ayant donné une force de 75855 kilogrammètres, 0,65594 exprime le rapport de la force utilisée par le travail à la force disponible assignée par la théorie.

SIXIÈME MACHINE.

Machine à haute pression et à détente sans condensation établie sur un bateau dragueur par Halette.

Diamètre, 0,24 mètres ;

Course du piston, 0,61 mètres ;

Course du piston avant la détente, 0,3355 m.

Détente $\frac{20}{11}$ ou 1,81818 ;

Surface du piston, 0,045286 mètres carrés ;

Volume du cylindre, 0,027406 mètres cubes.

On a fait sur cette machine trois expériences :

Première expérience.

Pression, 4,50 atmosphères ;

Cent levées et descentes par minute.

La pression d'une atmosphère sur la base du piston s'élève à 460,46 kilogrammes, parce que le poids de l'atmosphère sur un mètre de surface s'élève à 10524,5 kilogrammes.

A cause des cent levées par minute, le poids d'une atmosphère sur la base du piston produit une force de 780,44 kilogrammètres.

A cause du peu d'étendue de la détente, la tension de la vapeur à 4,50 atmosphères s'échappe dans l'air avec une tension supérieure à l'atmosphère. Supposons que cette tension soit équivalente à 105 atmosphères, la vapeur n'agira plus pour opérer la pleine pression qu'avec une tension de trois atmosphères, et ne produira qu'une force de 784,54 kilogrammètres pendant la pleine pression.

Puisque 0,56864 exprime la force relative de détente 1,81818, la force effective de cette détente se trouve être de 289,24 kilogrammètres.

Le frein ayant donné une force de 540 kilogrammètres et la force totale s'élevant à 1075,58 kilogrammètres ; le rapport de la force utilisée par le travail à la force théorique se trouve être 0,52989.

Deuxième expérience.

Pression dans la chaudière, 4,25 atmosphères.
84 levées et descentes par minute.

La pression d'une atmosphère sur la base du piston ne produira qu'une force de 655,87 kilogrammètres.

Supposons, dans cette expérience, que la vapeur ne s'échappe dans l'air qu'avec une tension de 1,4 atmosphères, pendant la pleine pression elle n'agira qu'avec une tension de 2,85 atmosphères et ne produira qu'une force de 626,10 kilogrammètres.

La force relative 0,36864 produite par la détente ne donnera qu'une force effective de 244,51 kilogrammètres.

Le frein ayant donné une force de 435 kilogrammètres, le rapport de l'effet utile à l'effet théorique se trouve être 0,49959.

Troisième expérience.

Dans cette expérience, la pression de la vapeur dans la chaudière était de 4,75 atmosphères, et le nombre des levées et descentes de 92 par minute.

La pression d'une atmosphère sur la base du piston ne produisait qu'une force de 718,31 kilogrammètres.

Supposons que la vapeur s'échappait dans l'air avec tension de 1,6 atmosphères pendant la pleine pression, elle n'agissait qu'avec une tension de 3,15 atmosphères et ne produisait qu'une force de 758,00 kilogrammètres, et la force réelle de la détente serait 279,43.

Le frein ayant donné une force de 541 kilogrammètres, 0,52148 exprime le rapport de la force utilisée à la force disponible.

MACHINE A SIMPLE EFFET ET A CATARACTE POUR ÉPUISEMENT ET ÉLÉVATION DES EAUX.

Cette machine se trouve décrite par M. Combes, inspecteur général des mines et membre de l'Académie des sciences, dans la troisième série des *Annales des mines*, Tome V.

Elle est établie sur un puits de Consolidated mine ; son cylindre a 2,052 mètres de diamètre, et la surface de son piston est de 3,24295 mètres carrés. Elle sort des ateliers de Cuppar-House-Fondry, à Hayle, et est une des mieux construites du pays. M. Combes doit à l'obligeance de

Hocking, ingénieur du Consolidated, le dessin complet de cette machine.

Elle a trois chaudières; chacune de ces trois chaudières est un cylindre en tôle de fer avec un tube intérieur également en tôle dans lequel est placée la grille. La longueur commune des chaudières est de 11,043 mètres; le diamètre est de 2,1356 mètres, l'épaisseur de la tôle de 1,778 centimètres.

La distance du bas du tube intérieur au bas de la chaudière est de 0,2032 mètres. Le tube a 1,2192 mètres. La grille placée à la partie antérieure s'étend sur une longueur de 1,2192 mètres; à la partie supérieure de la grille, un mur en briques ferme la partie du tube inférieur à l'air qui sort du cendrier, et s'élève au-dessus du niveau de la grille, jusqu'à une distance de 0,2286 mètres de l'arête supérieure du cylindre. La flamme et l'air chaud passent par cet étranglement, et parcourent toute la longueur du tube, reviennent sur le devant de la chaudière, en passant par-dessous celle-ci dans un conduit qui a 1,2192 mètres de longueur sur 0,508 mètres de hauteur, s'en retournent ensuite à la cheminée placée sur le derrière par les carnaux latéraux.

Le machiniste, qui, par la cataracte, peut faire

varier l'intervalle qui sépare deux coups de piston consécutifs, peut encore, en faisant couler le long de la tige des tasseaux, augmenter ou diminuer la partie de la course du piston, pendant laquelle la vapeur est admise en pleine pression. Le machiniste peut encore, sans changer la fraction de la course après laquelle la soupape est fermée, augmenter ou diminuer la dépense de la vapeur, en ouvrant plus ou moins la soupape régulatrice, au moyen de la tige verticale, qu'il fait monter ou descendre au moyen d'une vis. C'est toujours au moyen de la soupape régulatrice que le machiniste règle à chaque instant le mouvement de la machine. Il doit être toujours très-attentif à ne pas admettre trop de vapeur ; car il est arrivé plusieurs fois que le piston conservant une vitesse considérable a brisé par un choc violent le fond du cylindre.

Si l'on n'introduisait point une quantité suffisante de vapeur, il arriverait que le piston n'achèverait pas sa course et commencerait à remonter par la réaction des poids des tiges, des pompes et de l'eau contenue dans ces pompes, avant d'être parvenu au fond du cylindre. Pour faire connaître quand le jeu de la machine a tout son développrment, le balancier appuie sur un ressort portant

une sonnette lorsque le piston est arrivé à l'ex-
trémité inférieure de sa course. Quand la sonnette
ne se fait pas entendre, on augmente la quantité
de vapeur introduite.

On verra plus tard que la durée de chaque coup
de piston, indépendamment de l'intervalle entre
deux coups consécutifs, est aussi variable, et que
l'on peut proportionner la vitesse du piston à
l'affluence des eaux de la mine.

La pression de la vapeur dans la chaudière
n'est pas indiquée par un manomètre; on la suppose être à peu près de 2,5 atmosphères. Toutes
les précautions sont prises pour empêcher les pertes de chaleur.

La levée du piston de la machine est de 3,52175
mètres. Le piston est lié à la maîtresse-tige par
un balancier du poids de 25401,2 kilogrammes
et dont les deux bouts sont inégaux; le bras auquel est attaché le piston a 5,5092 mètres, tandis
que l'autre n'a que 4,26715 mètres; il en résulte
que la levée de la maîtresse-tige et des pistons des
pompes n'est que de 2,45836 mètres.

La maîtresse-tige attachée à la seconde extré-
mité du balancier descend dans un puits vertical
jusqu'à une profondeur de 402,34 mètres, dont
6,540 mètres sont au-dessus du niveau de la gale-

rie d'écoulement. Au-dessous de celle-ci, la ligne des pompes de 565,75 mètres de hauteur est divisée en six colonnes.

Le poids de la colonne d'eau de 555 pieds cubes anglais ou de 12537,55 kilogrammes, pendant la descente de la maîtresse-tige, force l'eau de la mine à entrer dans les pompes pour remplacer l'eau qui a été versée dans la galerie.

Lors de la visite de M. Combes, les eaux étaient très-basses et une seule chaudière fournissait la vapeur. La tension de la vapeur était supérieure à 2,5 atmosphères. La vapeur n'était admise sur le piston que pendant le premier huitième de sa course. Le piston mettait deux secondes et demie à descendre ; ce qui donne une vitesse de 1,54054 mètres par seconde.

La maîtresse-tige employait aussi cinq secondes et demie à descendre en foulant l'eau dans les tuyaux ascensionnels ; ce qui correspond à une vitesse de 0,440554 mètres par seconde. Le nombre d'oscillations par minute ne pouvait excéder sept et demi. On laissait entre deux coups un intervalle de trente secondes.

Relevé du travail de la machine pendant les 24 heures de chaque journée.

La première colonne donne le nombre de kilogrammes de houille consommés pendant vingt-quatre heures; la deuxième colonne, le nombre de coups de piston exécutés pendant le même temps; la troisième colonne, le nombre de coups de piston par minute. La quatrième colonne donne le nombre de tonnes métriques versées dans la galerie d'écoulement.

Kilogrammes de houille.	Nombre de coups de piston.	Nombre des levées par minute.	Travail, tonnes métriques.
838,24	2560	1,77	215,2
858,24	2462	1,70	206,2
876,54	2457	1,69	195,9
858,24	2540	1,62	197,
768,70	2160	1,48	194,9
858,24	3225	1,82	229,
857,29	2461	1,86	211,5
895,59	2805	2,00	227,5
895,59	2856	1,77	201,0

De ce tableau on déduit les résultats suivants :

Nombre des coups de piston par minute.	Nombre des tonnes métriques.
1,48	194,9
1,62	197
1,69	195,9
1,70	207,2
1,77	201,
1,77	215,2
1,82	229,
1,86	214,5
2,00	227,5

Ainsi, l'effet utile pour chaque coup de piston augmente assez rapidement, à mesure que le nombre de levées augmente dans le même temps. Mais quand l'intervalle entre deux coups successifs est trop petit, les mouvements imprimés à tous les organes de la machine n'étant pas complétement anéantis lorsque la vapeur vient agir et baisser le piston du cylindre, une portion de la force de la vapeur est employée à détruire les mouvements en sens inverse; par suite la consommation du combustible devient plus considérable, et l'effet utile de chaque coup de piston est diminué. Cela n'empêche pas que, pour diminuer la consommation du combustible, il est toujours avantageux d'exécuter le plus grand nombre possible de levées dans le même temps.

Du premier tableau on déduit encore le tableau suivant.

En retranchant huit secondes du nombre de la seconde colonne, on a le temps écoulé du commencement du coup précédent au commencement du coup de piston suivant :

A chaque coup de piston

Houille consommée.	Temps. secondes.
0,52720 kil.	53,90
0,54010	55,29
0,55060	55,50
0,55822	37,05
0,55588	40,05
0,26070	52,97
0,54855	52,26
0,51944	50,00
0,51551	53,90

Les plus grandes et les plus petites valeurs étant les plus erronées, pour obtenir plus d'exactitude nous avons ôté les deux plus grandes et les deux plus petites avant de prendre les moyennes suivantes :

0,3574 kilogrammes de houille consommée par chaque coup de piston ;

54,31 secondes écoulées par coup de piston ;

En prenant la moyenne d'une autre manière,

47

nous avions trouvé pour la consommation de la houille par chaque coup de piston 0,551 kilogrammes. Au moyen de l'adoption de 0,552 kilogrammes de houille par chaque coup de piston, les expériences du premier tableau peuvent être représentées par le tableau suivant :

Nombre des secondes par coup de piston.	Houille consommée par jour.	Coups de piston par jour.	Coups de piston par minute.	Tonnes métriques par coup de piston.
42,86	630	2016	1,4	155,4
40,	675	2160	1,5	165,5
37,5	720	2'04	4,6	177,6
35,294	765	2448	1,7	188,7
33,333	810	2592	1,8	199,8
31,632	855	2736	1,9	200,9
30,0	900	2880	2,0	222,0
28,571	945	3024	2,1	233,1
27,273	990	3168	2,2	244,2
26,087	1055	2312	2,3	355,3
25,000	1080	3356	2,4	266,4
24,	1125	3600	2,5	277,5
23,077	1177	3645	5,6	288,6
22,222	1215	3688	2,7	299,7
21,428	1260	5732	2,8	500,8
20,689	1305	3776	2,9	411,9
20,	13.0	3820	5,0	422,0

Excepté la première colonne, les nombres de toutes les autres colonnes sont en progression arithmétique.

C'est la représentation la plus régulière et la plus exacte de tous les nombres contenus dans le premier tableau.

En divisant les nombres de la cinquième colonne du tableau précédent par le nombre de la première colonne, on obtient les résultats suivants :

Coups de piston par minute.	Tonnes métriques par seconde.	Coups de piston par minute.	Tonnes métriques par seconde.
1,	1,850	3,5	25,511
1,1	2.249	4,0	30,540
1,2	2,665	4,5	35,297
1,3	3,125	5,0	48,225
1,4	5.625	5,5	59,025
1,5	4,165	6,0	70,808
1,6	4,756	6,5	82,005
1,7	5,046	7 0	93,043
1,8	5,990	7,5	101,062
1,9	6.666	8,0	
2,0	7,400		
2,1	8,159		
2,3	8,954		
2,4	9,786		
2,5	10,655		
2,6	11,562		
2,7	12,506		
2,8	15,487		
2,9	14.504		
3,0	15,205		

La tension de la vapeur dans le grand cylindre étant supérieure à 2,5 atmosphères, nous ne la supposerons qu'égale à 2,5 atmosphères et que la vapeur dans le condenseur conserve encore une tension d'un quinzième d'atmosphère. Pendant la pleine pression, la vapeur produisait sur la surface du piston pour le moins une pression de 75476, 37 kilogrammes; cette pression multipliée par l'étendue de la détente, qui n'est que le huitième de la course du piston, et par la vitesse de ce piston, donne 42595,4 kilogrammes élevés à un mètre par seconde pour la force produite pendant la pleine pression.

Sa détente, huit fois plus étendue que l'espace laissé à la pleine pression, donne pour la détente la force relative 1,28 et la force effective de 56264,6 kilogrammètres.

La quantité d'eau de 304,12 kilogrammes versée à chaque seconde dans la galerie d'écoulement étant multipliée par le bras du levier auquel est fixée la maîtresse-tige des pompes, et divisé par le bras de levier du balancier qui met en mouvement la tige du piston du cylindre, se réduit à 255,65 kilogrammes. Cette dernière quantité multipliée par 555,65 mètres, hauteur de la galerie d'écoulement au-dessus du niveau de l'eau du fond du puits, donne 87152 kilogrammètres pour la force utilisée par le travail.

Le rapport de la force utilisée par le travail à la force totale de 98658 kilogrammètres disponible par le calcul se trouve être 0,87515.

Ainsi, les pertes de toutes espèces dans cette machine ne s'élèvent qu'au septième de la force disponible ; M. Combes les évaluait au sixième tout au plus.

MACHINE A SIMPLE EFFET.

Extrait d'un rapport de M. Diday, ingénieur des mines (*Annales des mines*, T. XX, 3ᵉ série, pag. 52), fait sur une machine du Rocher-Bleu, à simple effet et à cataracte, construite sur le modèle des machines de Cornwall.

« Cette machine est dite à double cataracte parce que le piston mène deux tiges, dont l'une monte pendant que l'autre descend. L'une de ces tiges, celle qui s'élève en même temps que le piston, ouvre la soupape d'équilibre, tandis que l'autre agit d'abord sur celle du condenseur, et un instant après sur celle d'admission ; toutes ces soupapes sont d'ailleurs refermées par des tasseaux fixés sur deux poutrelles, et dont on peut changer la position de manière à faire varier la durée du coup de piston et l'amplitude de la détente. Ordinairement, la vapeur est admise pendant une fraction de la course qui varie du quart au sixième.

» Les plus grandes précautions ont été prises pour empêcher tout refroidissement de la vapeur; tant dans le cylindre que dans les tuyaux de conduite. Le cylindre est à double enveloppe; l'intervalle entre les deux enveloppes est constamment plein de vapeur au moyen d'un tuyau particulier qui arrive au bas du cylindre. Les chaudières étant placées au contre-bas de la machine, la vapeur, qui se condense, retourne dans la chaudière, de sorte que la chemise est constamment remplie de vapeur à la même pression que celle de la chaudière; cette chaudière peut, par conséquent, être considérée comme faisant partie de l'appareil évaporatoire. Indépendamment de cette enveloppe, le cylindre est encore entouré de cordes en spirales, dont tous les tours sont bien serrés, les uns contre les autres, et d'une couche de plâtre d'une épaisseur d'environ cinq centimètres. Enfin, il y a une dernière enveloppe en bois, distante de la précédente de sept à huit centimètres; tout cet intervalle est rempli de charbon de bois pilé et tassé avec le plus grand soin. Les tuyaux de conduite sont également revêtus de cette triple enveloppe.

» Les chaudières, au nombre de trois, sont cylindriques avec calottes hémisphériques ; elles ont huit mètres de long sur 180 centimètres de diamètre ; la moitié inférieure de leur surface est exposée au feu, mais elles n'ont ni bouilleurs, ni carneaux pour le retour de la flamme, ni tubes intérieurs pour le foyer. Le foyer, placé à l'avant de la chaudière, a une longueur d'environ deux mètres ; la flamme passe ensuite dans un conduit ayant la forme d'un demi-cylindre et enveloppant la moitié inférieure de la chaudière, dont il est très-rapproché. Cette disposition est celle qui paraît être employée avec le plus d'avantage sur toutes les mines de Cornwall.

» Les pompes destinées à l'épuisement sont divisées en trois colonnes, et portent exactement au bassin supérieur toute l'eau qu'elles doivent fournir par le calcul ; par conséquent, ces pompes n'éprouvent ni fuites ni pertes, comme cela arrive dans la plupart des cas.

» En effet, elles élèvent à chaque coup de piston 0,450 mètres cubes, et par le calcul la quantité aurait été la même. »

La hauteur des eaux à élever est de 150,20 mètres.

La description de cette machine se trouve dans le T. II, 4° série pag. 3 des *Annales des mines* :

« D'après la convention, entre le fournisseur de cette machine construite en Angleterre et les propriétaires de l'usine du Rocher-Bleu, la machine devait pouvoir élever trois mètres cubes d'eau à 128 mètres, en ne donnant pas plus de dix coups par minute et en ne travaillant pas au-dessus de trois atmosphères. La consommation de combustible ne devait pas être de 200 kilogrammes de houille de Newcastle ou de 300 kilogrammes de lignite.

» Les épreuves ont été faites dans une seule journée, et le charbon anglais employé ne provenant pas de Newcastle, mais d'Écosse, les résultats ne sont pas aussi favorables qu'ils doivent l'être réellement et qu'ils le seront sans doute dans une exploitation régulière. Le charbon employé dans ces épreuves était une houille un peu sèche, ne collant presque pas, et ne donnant qu'une flamme un peu courte.

» Enfin, l'expérience a également prouvé que toutes les fois que la longueur des chaudières dépassait sept à huit mètres, il n'était pas plus avantageux d'établir des carneaux pour faire circuler la flamme autour d'elles ; cette disposition ne

faisait que ralentir le tirage, sans augmenter nota-
blement la quantité de vapeur produite par un
poids donné de combustible.

» On peut douter cependant que ce dernier
résultat soit parfaitement exact, et s'il se trouve
confirmé, comme on me l'a assuré, par les
nombreuses expériences faites en Angleterre, il
est permis de croire que cela tient à ce que, dans
toutes les expériences, on n'a fait circuler dans
les carneaux que les gaz tels qu'ils sortent des
fourneaux, sans chercher à brûler les matières
combustibles qu'ils peuvent contenir encore. Il est
impossible, lorsque l'on considère la quantité de
fumée qui s'échappe de la cheminée d'une machine
à vapeur telle que celle du Rocher-Bleu, d'admettre que l'on a retiré du combustible employé
tout l'effet utile qu'il peut produire. Les résultats
auxquels on est parvenu dans ces dernières années
en brûlant les gaz qui se produisent dans divers
fourneaux et que l'on laissait perdre autrefois,
permettent au contraire de penser que l'on obtien-
drait des avantages semblables de l'emploi des
procédés analogues dans le chauffage des chaudières à vapeur, quelque extraordinaires que puis-
sent paraître les résultats obtenus déjà.»

Il paraît que, dans les mines de Cornwall, on a

renoncé tout-à-fait à l'emploi des foyers intérieurs qui sont d'un entretien très-difficile, se dégradant très-rapidement et n'offrant pas d'ailleurs, sous le rapport de l'économie du combustible, tous les avantages qu'on leur avait attribués. Des motifs analogues ont fait supprimer les bouilleurs.

Course du piston de la machine à vapeur, 3,05 mètres;

Surface du piston, 1,8159 mètres carrés;

Tension de la vapeur, 5 atmosphères;

Course du piston des pompes à élever l'eau, 2,745 mètres ,0,9 de celle du piston de la machine.

Quant à la tension de la vapeur dans le condenseur, elle n'a pas pu être déterminée exactement; mais il est probable, suivant M. Diday, qu'elle ne dépasse pas celle qui a été constatée à la machine de consolidated mine, et que l'on peut admettre aussi pour sa pression, sur un mètre carré, 689 kilogrammes, ce qui correspond à quinze centièmes d'atmosphère, donnée que nous adopterons dans nos calculs.

Relevé des expériences.

Nombre des coups de piston par minute.	Combustible consommé par heure kilog.	Profondeur de l'eau élevée mètres.
	Lignite.	
8	242,5	120,80
4	98	122,5
2	67	122,4
	Houille d'Écosse.	
8	192	122,4
8	150,5	122,4
4	62	127,2
2	41	127,2

La première expérience faite avec la houille, avec huit coups par minute, devait être erronée; puisqu'on l'a refaite, nous n'y ferons pas attention.

La multiplication de la surface du piston par la course du piston, par la tension de la vapeur diminuée de quinze centièmes et par le poids d'une atmosphère donne pour la pression produite par la vapeur sur le piston : 162692,5 kilogrammes.

Puisque la machine élevait à chaque coup de piston 0,450 mètres cubes d'eau la pression exercée sur le piston de la machine à vapeur devait être équivalente à 0,405 mètres cubes ou à 405 litres. Pour remplir cette condition, la détente n'a pas été un sixième, mais bien $\frac{1}{8,45}$ course du piston. En effet, la force relative de cette détente a un septième étant égale à 1,55865, en multipliant la pression précédente produite sur le piston par 2,55865 et prenant $\frac{1}{8,45}$ du produit, on trouve pour l'effet produit sur le piston de la machine à vapeur 0,449,87 mètres cubes ou un effort de 450 kilogrammes. La multiplication de la profondeur de l'eau par 450 kilogrammes par le nombre de coups de piston donnés par minute donne le travail utilisé porté dans la troisième colonne du Tableau *b* que nous avons déduit des expériences précédentes.

Si le bras du balancier qui fait mouvoir le piston de la machine à vapeur n'était que le neuvième du bras de levier du balancier auquel est attaché la maîtresse-tige des pompes, chaque coup de piston, au lieu de ne verser que 450 litres dans la galerie d'écoulement, en verserait 500 litres, la détente 6,97 qui possède la vitesse relative 2,144 donnerait à la machine à vapeur une puissance 500,61 kilogrammes, et cela sans beaucoup diminuer la vitesse de la maîtresse-tige dans sa descente et sans beaucoup augmenter l'effort à faire par le piston.

Pour calculer l'effet utile, pour le lignite nous avons supposé la même profondeur 122,4 et pour la houille la même profondeur 127,2.

Tableau *b*.

Nombre des coups de piston par minute	Combustible consommé par 1'	Effet utile par coup de piston.
Lignite.		
8	0,520555 kil.	440640 kil.
4	0,407917	220520
2	0,558557	110160
Houille.		
8	0,32557	457920
4	0,258555	228960
2	0,341667	114480

De ce Tableau *b* on conclut encore qu'avec un kilogramme de lignite,

Huit coups par minute donnent 846839, kil.
Quatre — — 540108,9
Deux — — 197501,6

Qu'avec un kilogramme de houille,

Huit coups par minute donnent 1407814,8 kil.
Quatre — — 886297,1
Deux — — 555065,1

On trouve entre la propriété calorifique du lignite et celle de la houille les rapports :

Pour huit coups par minute   0,600564 kil.
Pour quatre   —   0,608282
Pour deux   —   0,588859

Nous avions trouvé ces rapports avant d'avoir donné la même profondeur à toutes les expériences pour le lignite et pour la houille, et en n'employant que les profondeurs trouvées par l'expérience.

Ainsi, la propriété calorifique du lignite n'est que les deux tiers de celle de la houille d'Ecosse.

Chaque coup particulier, en partant de un à deux coups, augmente à mesure que l'on bat un plus grand nombre de coups dans le même temps; le maximum a lieu vers quatre et cinq coups par minute et diminue ensuite de plus en plus à mesure que l'on bat un plus grand nombre de coups.

Les perfectionnements de cette machine ne peuvent avoir lieu que par la diminution du combustible, pour effectuer la même quantité d'eau versée dans la galerie par chaque coup de piston, et par l'extension de la détente.

Pour inspecter, surveiller et servir la plus forte machine de Cornwall, du haut en bas, qui marche pendant 561 jours par an, en raison de 24 heures par jour, la régler au besoin et entretenir le feu de six fourneaux qui doivent fournir la vapeur à un travail continuel de 150 chevaux, le personnel se compose seulement d'un machiniste et d'un aide de 12 ans. Pendant la nuit il y a des rechanges, on adjoint un nombre d'hommes suffisant, suivant le besoin, afin de réduire le chômage autant que possible. On n'active pas la combustion, on l'empêche au contraire de marcher.

Que l'on se représente des grilles couvertes de couches de cinquante à soixante centimètres d'épaisseur, et quelquefois plus, d'un charbon lourd, menu et sec, le feu dort et ne marche pas; de temps à autre il se forme des éboulements dans cette masse incandescente par l'effet des cendres qui s'écoulent entre les barreaux de la grille, et il résulte des sortes de cratères d'où se dégage un jet de flammes plus ou moins long. C'est dans ces cratères que l'intelligent machiniste vient jeter une pelletée de charbon en le comprimant quequefois avec le dos de la pelle. On ne dégage les barreaux que très-rarement, et pour les débarrasser seulement des cendres qui ne pourraient pas tomber d'elles-mêmes.

Cette machine vaporise par heure 792,876

litres ou 28 pieds cubes anglais; et comme elle consomme dans le même temps 99,48 kilogrammes de houille, il s'ensuit qu'un kilogramme de charbon réduit en vapeur 7,97 kilogrammes d'eau. Les expériences de Tregold ne donnent pourtant pour le charbon du pays de Galles que 5,56 kilogrammes, et celles du docteur Black pour la houille de Newcastle 8,90. Le pouvoir calorifique du charbon du pays de Galles est donc 2,22 fois aussi grand que celui trouvé par Tregold par des expériences directes, et égal à celui obtenu par le docteur Black pour la houille de Newcastle. Un feu qui dort peut donc être utilisé plus avantageusement qu'un feu clair et actif.

Les pistons joignent parfaitement; d'ailleurs rien n'est plus facile que de les entretenir en bon état, car le mode des pistons plongeurs présente des avantages inappréciables sous le rapport d'une jonction parfaite. Avec ces sortes de pompes, toutes les fuites ont lieu en l'air, et sont toujours visibles. En même temps les presses à étoupes sont sous la main du machiniste pompier exclusivement occupé de cet entretien.

Chaque mois on fait le relevé total du nombre de coups de piston, et l'on tient également un compte exact du charbon consommé d'une visite à l'autre. C'est de cet ensemble que l'on obtient le volume d'eau élevé, pour une certaine quantité du combustible consommé. Mais cette évaluation n'est exacte qu'autant que la dépense de houille et le compteur marchent simultanément. Or, on ne peut arrêter le feu sans que le compteur s'arrête aussi ; mais on peut arrêter la machine sans que pour cela le charbon cesse d'être consommé, et c'est ce qui arrive quelquefois.

Les machines d'épuisement sont de nature à ne devoir jamais éprouver d'interruption dans leur travail. Cependant les nettoyages et les petites réparations qui peuvent se présenter exigent de temps en temps quelques instants de repos. Dans toutes les Cornouailles, on a adopté le samedi pour ce genre de travail, auquel on consacre deux heures, et, évidemment, il est impossible pendant ce temps de songer à économiser le charbon correspondant. De plus, chaque petit accident qui survient et suspend la marche de la machine pendant la semaine, fait perdre tout le nombre de coups qui auraient pu se donner pendant ce temps de repos.

Ces variations et ces accidents, pendant le mouvement des machines, n'ont pas lieu sans faire perdre un peu de temps, lequel se traduit toujours par une perte correspondante de combustible. Cette perte n'est pas bien sensible lorsque le mouvement n'est suspendu que qulques instants. La vapeur n'étant pas dépensée, sa pression monte dans les chaudières ; de sorte qu'aussitôt que la machine est remise en mouvement l'excès de pression procure un plus grand nombre de coups qu'avant, par conséquent des volumes d'eau plus considérables, qui doivent restituer l'excès de force utile emmagasinée dans la chaudière.

Les meilleures machines de Cornouailles sont à simple effet sans volant ni manivelle ; elles agissent non pas directement sur la résistance à vaincre, mais sur un bras de levier portant à l'autre bras de levier plus court un poids qui, soulevé rapidement par l'effet de la vapeur, retombe lentement, foule l'eau et la force d'entrer dans les pompes, pour remplacer l'eau qui vient d'être versée dans la galerie d'écoulement, par le coup de piston précédent. C'est une machine à vapeur qui meut un poids au moyen du levier de la statique.

[illegible]

TABLE I.

Pour le calcul des détentes, la force de la pleine pression étant représentée par l'unité.

Détente.	Force relative.	Détente.	Force relative.
1,00	0,22000	3,5	0,64548
1,10	0,23907	3,6	0,65895
1,2	0,25768	3,7	0,67435
1,3	0,27616	3,8	0,68962
1,4	0,29441	3,9	0,70485
1,5	0,31246	4,0	0,72000
1,6	0,33030	4,1	0,73508
1,7	0,34799	4,2	0,75007
1,8	0,36548	4,3	0,76505
1,9	0,38284	4,4	0,77990
2,0	0,40000	4,5	0,79474
2,1	0,41705	4,6	0,80945
2,2	0,43395	4,7	0,82412
2,3	0,45072	4,8	0,83875
2,4	0,46742	4,9	0,85334
2,5	0,48491	5,0	0,86780
2,6	0,50032	5,1	0,88225
2,7	0,51662	5,2	0,89665
2,8	0,53282	5,3	0,91095
2,9	0,54891	5,4	0,92524
3,0	0,56490	5,5	0,93945
3,1	0,58081	5,6	0,95362
3,2	0,59660	5,7	0,96774
3,3	0,61252	5,8	0,98182
3,4	0,62799	5,9	0,99584

TABLE I.

Pour le calcul des détentes, l'unité représentant
la force de la pleine pression.

Détente.	Force relative.	Détente.	Force relative.
6,0	1,00981	8,5	1,34813
6,1	1,02371	8,6	1,35805
6,2	1,03757	8,7	1,37094
6,3	1,05142	8,8	1,38580
6,4	1,06521	8,9	1,39662
6,5	1,07804	9,0	1,40941
6,6	1,09263	9,1	1,42217
6,7	1,10626	9,2	1,43489
6,8	1,11986	9,3	1,44759
6,9	1,13345	9,4	1,46029
7,0	1,14697	9,5	1,47293
7,1	1,16043	9,6	1,48551
7,2	1,17384	9,7	1,49705
7,3	1,18729	9,8	1,51060
7,4	1,20067	9,9	1,52513
7,5	1,21397	10,0	1,53561
7,6	1,22723	10,1	1,54184
7,7	1,24049	10,2	1,56050
7,8	1,25370	10,3	1,57289
7,9	1,26687	10,4	1,58527
8,0	1,28000	10,5	1,59762
8,1	1,29510	10,6	1,61092
8,2	1,30616	10,7	1,62222
8,3	1,31919	10,8	1,63448
8,4	1,33217	10,9	1,64672

TABLE I.

Pour le calcul des détentes, l'unité représentant
la force de la pleine pression.

Détente.	Force relative.	Détente.	Force relative.
11,0	1,65892	16,0	2,24000
11,2	1,68326	16,2	2.26216
11,4	1,70750	16,4	2,28452
11,6	1,73164	16,6	2,50657
11,8	1,75567	16,8	2,52858
12,0	1,77965	17,0	2,55026
12,2	1,80545	17,2	2.57210
12,4	1,82719	17,4	2,59588
12,6	1,85085	17,6	2,41560
12,8	1,87441	17,8	2,45725
15,0	1,89790	18,0	2.45885
15,2	1,92127	18,2	2,48055
15,4	1,94456	18,4	2,50180
15,6	1,96777	18,6	2,52318
15,8	1,99090	18,8	2,54452
14,0	2,01594	19,0	2,56579
14,2	2,05116	19,2	2 58699
14,4	2,05971	19,4	2,60814
14,6	2 08247	19,6	2,62925
14,8	2,10528	19,8	2,65026
15,0	2,12794	20,0	2,67125
15,2	2,15050	20,2	2,69214
15,4	2,17298	20,4	2.71500
15,6	2,19540	20,6	2,73380
15,8	2,21773	20,8	2,75454

Table I.

Pour le calcul de la détente, l'unité représentant
la force de la pleine pression.

Détente.	Force relative.	Détente.	Force relative
21,2	2,79586	31,2	3,76685
21,6	2,83696	31,6	3,80350
22,0	2,87785	32,0	3,84000
22,4	2,91855	32,4	3,87636
22,8	2,95901	32,8	3,91260
23,2	2,99928	33,2	3,94875
23,6	3,03955	33,6	3,98470
24,0	3,07922	34,0	4,02055
24,4	3,11890	34,4	4,05621
24,8	3,15840	34,8	4,09177
25,2	3,19771	35,2	4,12720
25,6	3,23685	35,6	4,16250
26,0	3,27577	36,0	4,19766
26,4	3,31455	36,4	4,23369
26,8	3,35312	36,8	4,26760
27,2	3,39154	37,2	4,30239
27,6	3,42979	37,6	4,33704
28,0	3,46788	38,0	4,37157
28,4	3,50584	38,4	4,40696
28,8	3,54358	38,8	4,44027
29,2	3,58119	39,2	4,47446
29,6	3,61864	39,6	4,50851
30,0	3,65595	40,0	4,53244
30,4	3,69306	40,4	4,56528
30,8	3,73005	40,8	4,59898

TABLE II.

La première colonne contient la tension de la vapeur d'eau en atmosphères;

La seconde colonne donne la température de la vapeur en degrés centigrades;

La troisième colonne fait connaître le nombre de calories dépensées pour convertir en vapeur un litre d'eau à la glace fondante;

La quatrième colonne renferme le nombre de litres de vapeur saturée, produit par un litre d'eau à zéro degré.

Tensions atm.	Température 0	Chaleurs totales.	Volumes.
1	100,00	636,60	1698,00
1,2	105,22	637,91	1418,24
1,4	109,76	639.22	1218,14
1,6	113,80	640.57	1067,81
1,8	117,44	641,42	950,72
2,0	120,77	642,57	856,95
2,2	125,84	645,25	780,09
2,4	126,69	644,06	715,99
2,6	129,55	82	661,69
2,8	151,85	645,55	615,12
5,0	154,22	646,20	574,70
5,2	156,45	85	559,51
5,4	158,58	647,45	508,06
5,6	140,61	648,00	480,26
5,8	142,55	55	455,57
4,0	144,41	649,07	452,96
4,2	146,20	57	412,67
4,4	147,92	650,06	594,19
4,6	149,58	55	577,55
4,8	451,18	97	561,86

TABLE II.

Tensions atm.	Températures. 0	Chaleurs totales.	Volumes.
5,0	152,75	651,40	347,62
5,2	154,25	82	334,46
5,4	155,69	652,25	322,28
5,6	157,10	65	310,96
5,8	158,48	653,01	300,44
6,0	159,81	653,39	290,87
6,2	161,12	75	281,55
6,4	162,59	654,10	272,70
6,6	163,62	45	264,58
6,8	164,83	78	256,95
7,0	166,02	655,11	249,72
7,2	167,17	45	242,90
7,4	168,50	75	236,45
7,6	169,41	656,05	230,55
7,8	170,50	35	224,53
8,0	171,56	64	219,02
8,2	172,59	95	213,77
8,4	173,61	657,22	208,77
8,6	174,62	49	204,00
8,8	175,66	76	199,45
9,0	176,57	658,05	195,10
9,2	177,52	29	190,93
9,4	178,45	55	186,94
9,6	179,57	80	183,12
9,8	180,28	659,05	179,45

TABLE II.

Tensions.	Températures.	Chaleurs totales.	Volumes.
10,0	181,17	659.08	176,78
10,5	185,33	659,68	568,58
11,0	185,42	660,24	161,07
11,5	187,43	79	154,25
12,0	189,58	661,30	147,95
12,5	191,26	84	142,21
15,0	193,09	662,55	136,88
13,5	194,86	81	151,95
14,0	196,58	663,24	127,55
14,5	198,06	73	125,07
15,0	199,89	664,18	119,08
15,5	201,48	64	115,36
16,0	203,04	665,02	111,87
16,5	204,55	43	108,56
17,0	206,05	85	105,46
17,5	207,48	666,22	102,48
18,0	208,89	60	99,77
18,5	210,28	97	97,16
19,0	211,64	667,52	94 67
20,0	214 27	668,05	90,09
21,	216,81	75	85 95
22,	219,23	669,58	82,16
25,	221.62	670,01	78,25
24,	225,90	62	75,55
25,	226,12	671,21	74,61
26,	2?8 26	78	69,94
27,	250,55	672 54	67,42
28,	252,58	87	65,09
29,	254,56	675,50	62,93

TABLE II.

Tensions atm.	Températures.	Chaleurs totales.	Volumes.
30	236,28	673,91	60,924
32	239,99	674,89	57,250
34	243,53	675,70	54,003
36	246,92	676,71	51,133
38	250,17	677,57	48,337
40	253,30	678,39	46,385
42	256,51	679,17	44,150
44	259,22	95	42,214
46	262,03	680,66	40,466
48	264,75	681,57	38,861
50	267,59	682,06	37,383
55	273,67	683,79	34,163
60	279,54	685,31	31,465
65	285,07	686,65	29,176
70	290,50	687,97	27,270
75	295,26	689,24	25,519
80	299,99	690,42	24,068
90	308,84	692,70	21,528
100	317,04	694,77	19,550
110	324,67	696,69	17,892
120	331,82	698,48	16,515
130	338,57	700,27	15,567
140	344,96	701,80	14,571
150	351,04	703,26	13,505
160	356,86	704,69	12,747
170	362,44	706,07	12,078
180	367,78	707,59	11,479
190	372,95	708,65	10,948
200	377,90	709,86	467

TABLE III.

Force suivant la loi de Mariotte.

Détente.	Force.	Pression moyenne.
1,2	0,1825	0,9411
1,4	0,3565	0,8729
1,6	0,4700	0,8144
1,8	0,5876	0,7651
2,0	0,6952	0,7210
2,2	0,7885	0,6800
2,4	0,8755	0,6505
2,6	0,9555	0,6209
2,8	1,0296	0,5945
3,0	1,0986	0,5708
3,2	1,1652	0,5496
3,4	1,2258	0,5295
3,6	1,2809	0,5115
3,8	1,3350	0,4948
4,0	1,3865	0,4795
4,2	1,4351	0,4652
4,4	1,4816	0,4519
4,6	1,5261	0,4459
4,8	1,5686	0,4395
5,0	1,6094	0,4278
5,2	1,6487	0,4167
5,4	1,6865	0,4067
5,6	1,7228	0,3970
5,8	1,7580	0,3878
6,0	1,7918	0,3792
6,2	1,8245	0,3709
6,4	1,8565	0,3631
6,6	1,8871	0,3555
6,8	1,9169	0,3486

TABLE III.

Détente.	Force.
30,0	3,4012
30,4	3,4144
30,8	3,4275
31,2	3,4404
31,6	3,4532
32,0	3,4658
32,4	3,4782
32,8	3,4904
33,2	3,5025
33,6	3,5145
34,0	3,5263
34,4	3,5380
34,8	3,5496
35,2	3,5610
35,6	3,5725
36,0	3,5835
36,4	3,5946
36,8	3,6055
37,2	3,6163
37,6	3,6270
38,0	3,6376
38,4	3,6481
38,8	3,6584
39,2	3,6686
39,6	3,6787
40,0	3,6888
40,4	3,6988
40,8	3,7087
41,2	3,7184
41,6	3,7281
42,0	3,7377

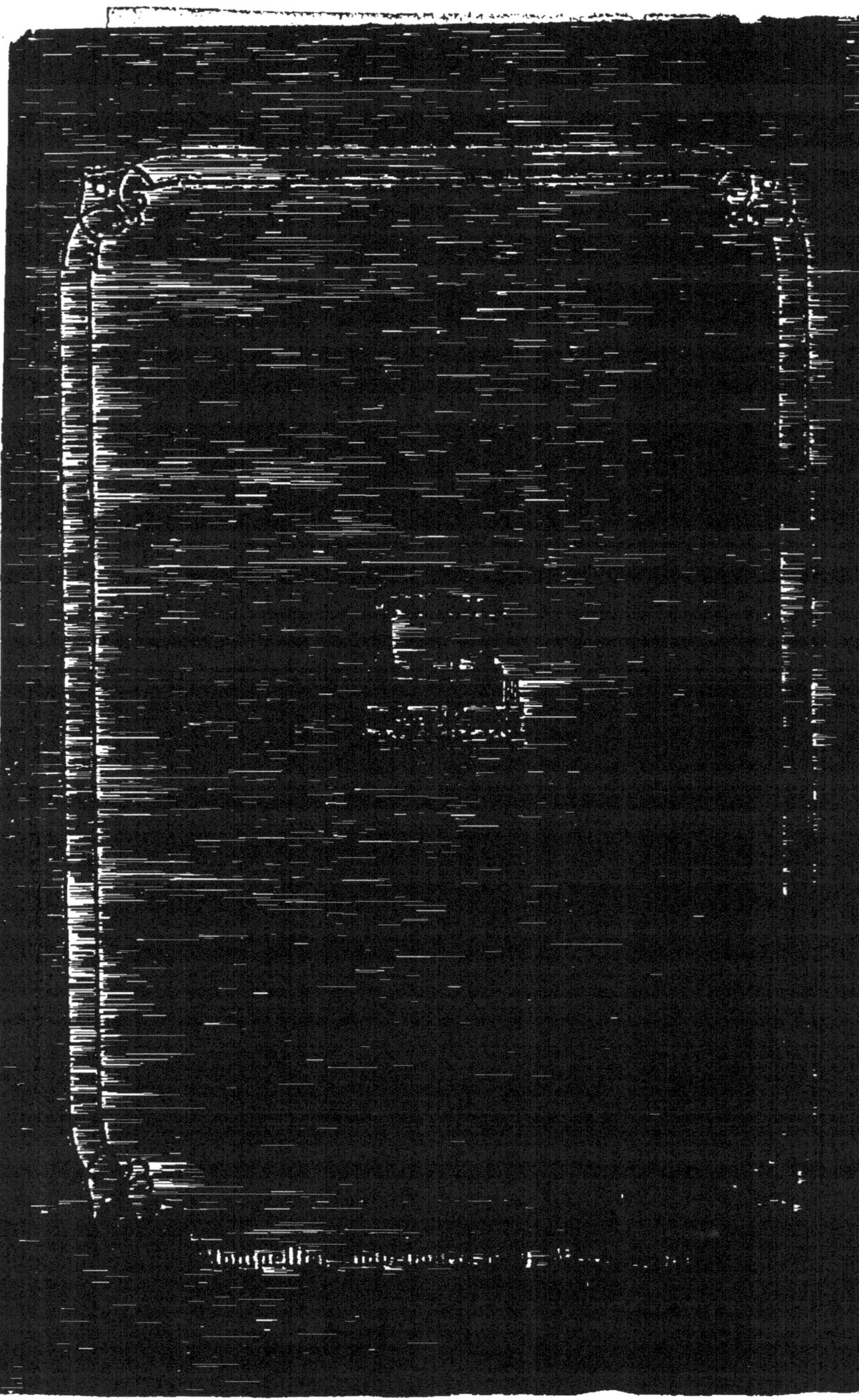